Vorwort.

Auf Veranlassung des Kgl. Preußischen Herrn Ministers für Handel und Gewerbe in Gemeinschaft mit dem Herrn Minister der öffentlichen Arbeiten sind für Niederdruck-Warmwasserheizungen Sicherheitsvorschriften erlassen worden.

So einfach und leichtverständlich diese Vorschriften für den Fachmann sind, ihre Durchführung, insbesondere auch bei vorhandenen Kesselanlagen, führte zu einer so großen Zahl von Zweifeln und Anfragen, daß der unterzeichnete Verband sich veranlaßt sah, eine eingehende Besprechung der vorgeschriebenen Sicherheitsmaßregeln in ihrer Anwendung auf Warmwasserheizungs- und Warmwasserbereitungsanlagen zu veröffentlichen und dadurch fehlerhafte Ausführungen tunlichst zu verhindern.

Die Druckschrift hat den beiden beteiligten Ministerien zur Durchsicht vorgelegen und ist mit dem Ministerialerlaß vom 10. Februar 1914 nach Sinn und Inhalt in Übereinstimmung befunden worden.

Verband Deutscher Centralheizungs-Industrieller, E. V.

Inhaltsangabe.

I. Der Erlaß vom 10. Februar 1914 und seine Begründung.

Der Kgl. Preußische Herr Minister für Handel und Gewerbe hat in Gemeinschaft mit dem Herrn Minister der öffentlichen Arbeiten am 10. Februar 1914 Bestimmungen über Sicherheitsvorschriften an Niederdruck-Warmwasserheizkesseln bekanntgegeben, welchen in Zukunft alle derartigen Kessel zu entsprechen haben.

Die Vorschriften sind folgende:

1. Jeder absperrbare oder nicht absperrbare Heizkessel ist mit dem Ausdehnungsgefäß durch mindestens eine nicht verschließbare Sicherheitsröhrleitung zu verbinden, deren Durchmesser an keiner Stelle geringer als

$$(1) \qquad d = 14{,}9 \, H^{0,356}$$

sein darf; die Sicherheitsleitung darf auch ganz oder teilweise als Vorlaufleitung benutzt werden. Hierin bedeutet d den lichten Rohrdurchmesser in mm, H die gesamte von den Heizgasen bespülte Kesselfläche (bei Gliederkesseln auch einschließlich Rippen- und Rostheizfläche) in qm.

2. Sind Heizkessel im Vor- oder Rücklauf oder in beiden Leitungen absperrbar, so ist um jede Absperrvorrichtung eine Umgehungsleitung mit eingeschaltetem Wechselventil anzulegen, dessen Ausblaserohr so enden muß, daß Personen durch austretende Dampf- und Wassergemische nicht gefährdet werden. Die Umgehungsleitungen sollen nicht länger als 3 m, die Ausblaserohre nicht länger als 15 m sein, andernfalls sind die nachstehend angegebenen Lichtweiten zu vergrößern. Die lichten Durchmesser der Umgehungs- und Ausblaseleitung sowie die entsprechenden Durchgangsquerschnitte der

Wechselventile für Vorlaufleitungen dürfen nirgends geringer als

(2) $$d = 13{,}8\,H^{0,435}$$

sein, worin d und H dieselbe Bedeutung wie in Formel (1) haben.

Für Rücklaufleitungen genügen Umgehungs- und Ausblaseleitungen sowie Wechselventile von nachstehenden Abmessungen:

Bei einer Kesselheizfläche bis zu   30 qm von 25 mm Durchm.,
»   »   »   » » 60 » » 34 »   »
»   »   »   » » 100 » » 49 »   »

3. Die Sicherheitsleitung und das Ausdehnungsgefäß sind gegen Einfrieren durch genügend wirksame Maßnahmen zu schützen.

In dem Rundschreiben an die Herren Regierungspräsidenten, mit dem die vorstehenden Bestimmungen zu 1 bis 3 bekanntgegeben sind, ist die Art ihrer Durchführung in das Ermessen dieser Behörden gestellt mit der Maßgabe, daß besondere Abnahmegebühren nach Lage der Gesetzgebung dafür nicht erhoben werden dürfen, da die Prüfung der Rohrleitungen in sicherheitspolizeilicher Hinsicht nicht als eine baupolizeiliche Prüfung angesehen werden kann. Die Abnahme ist, wenn eine solche überhaupt für nötig erachtet wird, auf die Feststellung der Rohrweiten zu beschränken und bei Gelegenheit der Gebrauchsabnahme des Baues oder der Feuerstelle zu bewirken.

Der Erlaß bezweckt also die Vermeidung von unzulässigen Drucksteigerungen in Niederdruck-Warmwasserkesseln, indem er Einrichtungen vorschreibt, welche die offene Verbindung zwischen dem Kesselinhalt und der Atmosphäre dauernd in ausreichendem Maße gewährleisten. Er bezieht sich nur auf Heizkessel für Niederdruck-Warmwasserheizungen mit offenen Ausdehnungsgefäßen, wozu sinngemäß auch Warmwasserversorgungen ähnlicher Bauart gehören.

Für andere Heizsysteme bleiben geeignete Maßnahmen noch vorbehalten.

Obwohl die Anzahl der bekannt gewordenen Explosionen von Niederdruck-Warmwasserkesseln im Verhältnis zu der außerordentlich großen Zahl bestehender und täglich neu hinzukommender Warmwasserheizungs- und Warmwasser- bereitungsanlagen verschwindend klein ist (im Gesundheits- Ingenieur, Jahrgang 1910, Nr. 1, wird über drei Fälle berichtet, deren letzter am 22. Oktober 1909 in Posen eintrat; seitdem sind der preußischen Regierung zwei weitere Fälle aus den Regierungsbezirken Köln und Oppeln bekannt geworden), so durften doch die zuständigen Ministerialbehörden die nach- gewiesene Gefährdung von Menschenleben nicht länger un- berücksichtigt lassen. Die Herren Minister für Handel und Gewerbe und der öffentlichen Arbeiten haben deshalb unter Zuziehung von Männern der Wissenschaft und Vertretern der Zentralheizungs-Industrie die einschlägigen Verhältnisse einer sorgfältigen Prüfung unterworfen und dabei nur solche For- derungen gestellt, deren Durchführung zur Sicherung von Menschenleben gegen die Gefahr einer Kesselexplosion un- bedingt notwendig erschien.

Bei der Entscheidung über die einzelnen erforderlichen Maßnahmen wurde die weitestgehende Rücksicht auf mög- lichst leichte und billige Durchführbarkeit, namentlich auch an vorhandenen Anlagen, genommen, in dem Bestreben, die Durchführung ihrer Maßnahmen durch freiwilligen Entschluß der Interessenten zu erreichen und eine sicherheitspolizei- liche Beaufsichtigung der Warmwasserheizungs- und Warm- wasserbereitungsanlagen auch in Zukunft zu vermeiden.

II. Durchführung des Erlasses.

Der Erlaß ist in Nr. 5 des Ministerialblattes der Handels- und Gewerbe-Verwaltung vom 25. Februar 1914, S. 75 bis 77, veröffentlicht, er gilt sowohl für öffentliche als für private Gebäude und ist insofern rückwirkend, als die Besitzer der- artiger Anlagen in Zukunft die strafrechtlichen und zivilrecht- lichen Folgen einer etwa vorkommenden Kesselexplosion zu tragen haben werden, falls sie es versäumen, ihre Anlagen gemäß den Vorschriften des Erlasses ausführen oder umbauen zu lassen. Eine Frist für den Umbau ist nicht festgesetzt.

Die Durchführung der Vorschriften stößt, wie eine große Zahl beim Verbande Deutscher Centralheizungs-Industrieller eingelaufener Anfragen beweist, auf manche Zweifel, die es notwendig erscheinen ließen, an Hand der nach unseren Erfahrungen in der Praxis vorkommenden Fälle, diejenigen Maßnahmen zu besprechen, welche erforderlich sind, um den Forderungen des Ministerialerlasses zu genügen.

Zunächst sei die Entstehung der eben erwähnten Formeln (1) und (2) erläutert[1]).

Die Formel (1) ist das Ergebnis einer Versuchsreihe, die mit Sicherheitsleitungen verschiedener Durchmesser bei 25 m und 11,5 m Höhe und sechs Richtungsänderungen an einem Strebelkessel von 20 qm Heizfläche durchgeführt sind, dessen Wärmeentwicklung bis zu 18000 WE pro qm Kesselfläche gesteigert wurde. Der beim Überkochen des Kessels entstehende Druck durfte dabei 3 Atm. abs. nicht übersteigen, wenn die Sicherheitsleitung als zur Sicherung des Kessels genügend gelten sollte.

Aus Formel (1) ergibt sich nachstehende

Tabelle I für Sicherheitsleitungen.

Lichter Durch- messer d in mm	Lichter Quer- schnitt in qcm	Zulässige Kesselheizfläche bis zu qm
25	4,91	4
34	9,08	10
39	11,95	15
49	18,86	28
57	25,52	43
64	32,17	60
70	38,48	77
76	45,36	97
82	52,81	120
88	60,82	147
94	69,40	177
100	78,54	210

Die Formel (2) ist in der Prüfungsanstalt für Heiz- und Lüftungsanlagen der Kgl. Technischen Hochschule zu Berlin ermittelt worden, indem durch eine Versuchsreihe die Wärme-

---

1) Eine ausführliche Beschreibung der Versuche befindet sich im 6. Beiheft zum Gesundheits-Ingenieur, September 1914.

mengen festgestellt wurden, die durch Wechselventile verschiedener Durchmesser bei Dampfausfluß mit bestimmt geregelter Wasserzumischung abgeführt werden konnten. Bedingung war dabei, daß der entstehende Druck bei einer Länge des vom Wechselventil ausgehenden Ausblaserohres von 15 m die Höhe von 3 Atm. abs. nicht übersteigen sollte.

Da Versuche an einem Lollarkessel ergeben hatten, daß der beim Überkochen ausströmende Dampf etwa 60% Wasser mitriß, die Versuchsergebnisse mit Wechselventilen bei 60% und 80% Wasserzumischung nur geringe Änderung des Schlußergebnisses zeigten, so wurde es für angemessen gehalten, der Formel (2) die Zumischung von 70% Wasser zugrunde zu legen. Daraus ergibt sich nachstehende Tabelle II für den Vorlauf, während das Wechselventil des Rücklaufes (Tabelle III) stets nur das zum Kessel zurückfließende Wasser ohne Dampfbeimischung zu fördern hat.

Die Umgehungsleitungen der Absperrvorrichtungen im Vor- oder Rücklauf sollen nicht länger als 3 m, die Ausblaserohre der Wechselventile nicht länger als 15 m sein; andernfalls sind ihre lichten Durchmesser um eine Stufe zu vergrößern.

Aus den vorstehend gekennzeichneten Grundlagen, auf welche sich die Formeln (1) und (2) des Ministerialerlasses stützen, ergibt sich, daß sie mittleren Verhältnissen der Niederdruck-Warmwasserheizungen, d. h. statischen Drucken von 3 Atm. abs. (20 m Steigehöhe) angepaßt sind. Für größere statische Druckhöhen als 20 m Wassersäule ergeben die Formeln daher etwas reichlichere Sicherheit; die aus ihnen berechneten Rohrabmessungen sind aber nicht derart, daß dieser Umstand nachteilig auf die Ausführung oder erheblich auf die Kosten einwirken könnte. Bei kleineren statischen Druckhöhen als 20 m Wassersäule kann in Ausnahmefällen auch eine Steigerung des Druckes bis zu 3 Atm. abs. eintreten, und es ist deshalb darauf zu achten, daß auch solche Anlagen mindestens einem Druck von 3 Atm. zu widerstehen vermögen.

Über die Art der zu verwendenden Rohre bestehen keine Vorschriften, doch wird darauf aufmerksam gemacht, daß

Tabelle II für Umgehungsleitungen und Wechselventile im Vorlauf.

Lichter Durch-messer d in mm	Lichter Quer-schnitt in qcm	Zulässige Kesselheizfläche bis zu qm
25	4,91	4
34	9,08	8
39	11,95	11
49	18,86	18
57	25,52	26
64	32,17	34
70	38,48	42
76	45,36	51
82	52,81	60
88	60,82	71
94	69,40	82
100	78,54	95

Tabelle III für Umgehungsleitungen und Wechselventile im Rücklauf.

genügen nachstehende Abmessungen:

Lichter Durch-messer d in mm	Lichter Quer-schnitt in qcm	Zulässige Kesselheizfläche bis zu qm
25	4,91	30
34	9,08	60
49	18,86	100

auch die Ausblaserohre unter Umständen heißes Wasser und Dampf abzuführen haben.

Alle außer diesen Sicherheitsmaßnahmen gegen Explosionsgefahr zur sachgemäßen Ausführung einer Warmwasser-Niederdruckheizung oder Warmwasserbereitung gehörigen Einrichtungen bleiben durch den Erlaß völlig unberührt und sollen auch in vorliegender Druckschrift nur insoweit besprochen werden, als sie mit der Sicherheit des Betriebes in Zusammenhang stehen. Dem ausführenden Fachtechniker ist es überlassen, in jedem einzelnen Falle die zweckmäßigste Anordnung zu treffen.

Wir unterscheiden in den nachstehenden Ausführungen:

A. Unabsperrbare Warmwasserkessel.

B. Absperrbare Warmwasserkessel.

   a) Absperrung im Vor- und Rücklauf.

   b) Absperrung nur im Vorlauf.

      1. Anwendung von Sicherheitsleitungen.

      2. Anwendung von Wechselventilen.

   c) Absperrung nur im Rücklauf.

C. Mittelbar geheizte Warmwasserkessel.

D. Schutz gegen Einfrieren.

A. Unabsperrbare Warmwasserkessel.

Jeder Niederdruck-Warmwasserkessel ist unmittelbar oder durch den Vorlauf mit dem Ausdehnungsgefäß durch mindestens **eine**, überall ansteigend liegende, unverschließbare Sicherheitsleitung zu verbinden, deren Mindestquerschnitt von der zugehörigen Kesselheizfläche abhängig und nach der Formel (1) $d = 14{,}9\,H^{0{,}356}$ zu berechnen ist, wobei d den lichten Durchmesser der Sicherheitsleitung in mm und H die gesamte von den Heizgasen bespülte Kesselfläche (bei Gliederkesseln auch einschließlich Rippen- und Rostheizfläche) in qm bezeichnet.

Die Vorschrift des Erlasses ist von uns durch die Zusätze »unmittelbar oder durch den Vorlauf« und »überall ansteigend liegende« ergänzt und mit Zustimmung der maßgebenden Behörden nicht so zu verstehen, daß man bei Anlagen mit mehreren gekuppelten Kesseln von jedem Kessel aus ein besonderes Sicherheitsrohr zum Ausdehnungsgefäß zu führen hat. Es genügt für sämtliche, zu einer Anlage gekuppelten Kessel eine Sicherheitsleitung (vgl. Abb. 1 bis 5), wenn die Kessel entweder unmittelbar oder durch den Vorlauf mit ihr in unverschließbarer Verbindung stehen und diese Verbindungsleitungen an jeder Stelle mindestens denjenigen lichten Durchmesser besitzen, welcher der jeweils angeschlossenen Kesselheizfläche entspricht.

Der Querschnitt der Sicherheitsleitung ist nach der Summe der angeschlossenen Kesselheizflächen zu bemessen.

»Als Vorlauf« ist diejenige Anschlußleitung bezeichnet, durch die das erwärmte Wasser den Kessel verläßt, als »Rücklauf« diejenige, durch die das abgekühlte Wasser in den Kessel zurückkehrt.

Die Sicherheitsleitung darf ganz oder teilweise als Vorlaufleitung benutzt werden, also z. B. als Hauptsteigerohr, oder als Vertikalstrang für Heizkörpervorlauf (vgl. Abb. 1 bis 5). Sie muß aber überall mindestens den vorgeschriebenen Durchmesser besitzen und darf nicht absperrbar sein.

Es ist zulässig, an Stelle einer Sicherheitsleitung mehrere schwächere zu verwenden (vgl. Abb. 3), wenn deren lichter Gesamtquerschnitt mindestens demjenigen des vorgeschriebenen Durchmessers entspricht. Der kleinste zulässige Durchmesser einer Sicherheitsleitung darf nicht unter 25 mm betragen.

Luftleitungen von Heizungsanlagen dürfen nicht als Sicherheitsleitungen benutzt werden, weil ihre Frostsicherheit und ansteigende Lage nicht in allen Fällen gewährleistet ist. Sie können aber an die Sicherheitsleitung angeschlossen werden, ohne daß es nötig ist, den Durchmesser der letzteren zu vergrößern (vgl. Abb. 2, 3 u. 6).

Bei der Vereinigung mehrerer Sicherheitsleitungen ist nicht die Summe der vorhandenen Querschnitte der zu vereinigenden Einzelrohre, sondern der für die zugehörige Kesselheizfläche im ganzen vorgeschriebene Querschnitt erforderlich, also z. B. für $2 \cdot 12 = 24$ qm Kesselheizfläche nicht $2 \cdot 11,95 \sim 24$ qcm $= 57$ mm Durchmesser der Sicherheitsleitung, sondern nach Tabelle I für 24 qm Kesselheizfläche nur 49 mm Durchmesser.

Verbindungsrohre des Ausdehnungsgefäßes mit dem Rücklauf der Kessel werden nicht als Sicherheitsleitung angesehen. Derartige Verbindungsrohre ermöglichen ein schnelles Zurücklaufen des zum Ausdehnungsgefäß übergekochten Wassers. Sie verhindern Wasserverluste durch Überlaufen der Gefäße und sind da zu empfehlen, wo die Sicherheitsleitungen über dem höchsten Wasserspiegel angeschlossen sind, also ein Zurücklaufen des Wassers durch diese zu den Kesseln unmöglich ist (vgl. Abb. 1, 5 u. 6).

Für die Sicherheit des Betriebes sind sie jedoch nicht notwendig und deshalb im Ministerialerlaß nicht vorgeschrieben. Die Verbindungsrohre sind nach Tabelle III zu bemessen, dürfen nicht absperrbar sein und können als Rückläufe der Heizanlagen benutzt werden.

B. Absperrbare Warmwasserkessel.

Auch für alle absperrbaren Kessel gelten die Vorschriften über Sicherheitsleitungen unter A, außerdem ist aber folgendes zu beachten:

a) Absperrung im Vor- und Rücklauf.

Sind Heizkessel im Vor- und Rücklauf absperrbar, so ist um jede Absperrvorrichtung eine Umgehungsleitung mit eingeschaltetem Wechselventil anzulegen (vgl. Abb. 4 u. 5). Auch Drosselklappen gelten als Absperrvorrichtungen. Die Umgehungsleitung mit Wechselventil im Vorlauf kann durch eine Sicherheitsleitung ersetzt werden, die unmittelbar vom Kessel abzweigend bis über den höchsten Wasserstand des Ausdehnungsgefäßes geführt wird und nach Tabelle I zu bemessen ist (vgl. Abb. 6).

Die Anwendung von anderen Dreiwegevorrichtungen als Wechselventilen, insbesondere von Dreiwegehähnen, ist gestattet, wenn sie überall die vorgeschriebenen Durchgangsquerschnitte besitzen, dichten Abschluß und dauernd leichte Handhabung gewährleisten, beim Umstellen den zweiten Auslaß im gleichen Verhältnis und zu gleicher Zeit öffnen, wie der erste geschlossen wird, und einen Abschluß oder auch nur eine Verkleinerung des Anschlußquerschnittes an den Kessel in keiner Stellung zulassen.

Auch die unmittelbare Einschaltung von Wechselventilen in den Vorlauf oder Rücklauf an Stelle der Absperrvorrichtungen und zur Vermeidung der Umgehungsleitungen ist im Ministerialerlaß nicht untersagt; sie hat aber den Nachteil, daß dabei die Durchmesser der Wechselventile denjenigen des Vor- und Rücklaufes angepaßt, also wohl immer erheblich größer sein müssen, als für die Zwecke der Sicherheit erforderlich ist, und daß ihre Umstellung mehr Zeit beansprucht als diejenige kleinerer Ventile, wodurch jedesmal auch entsprechend größere Wasserverluste entstehen. Für die Absperrung des Kesselrücklaufes dürften diese Umstände in erhöhtem Maße zur Geltung kommen.

Die Vereinigung einer beliebigen Zahl von Ausblaserohren der Wechselventile sowohl des Vorlaufes als auch des Rücklaufes der Kessel ist zulässig (vgl. Abb. 4 u. 5). Die dazu benutzten Sammelrohre brauchen nur mindestens der Heizfläche des größten angeschlossenen Kessels, d. h. wenn dieser im Vor- und Rücklauf absperrbar ist, mindestens der Summe der Querschnitte beider zugehörigen Wechselventile zu entsprechen, da nicht anzunehmen ist, daß mehrere Kessel einer Anlage gleichzeitig abgesperrt werden.

Die Ausmündungen der Ausblaserohre in das Sammelrohr und dieses selbst sind zweckmäßig etwas höher als die Oberkante der Kessel zu legen (vgl. Abb. 4), damit zeitweise ausgeschaltete Kessel mit Wasser gefüllt bleiben und unnötige Wasserverluste vermieden werden. Soll ein solcher Kessel entleert werden, so hat dies durch den vorhandenen Entleerungshahn zu geschehen. Das aus dem Sammelrohr abfließende Wasser- und Dampfgemisch muß derart abgeführt werden, daß Personen dadurch nicht gefährdet werden. Außer dieser Vorschrift des Erlasses vom 10. Februar 1914 sind auch die etwa bestehenden polizeilichen Vorschriften über die Einführung heißer Flüssigkeiten in Kanalisationsanlagen zu beachten und Vorkehrungen zu treffen, die dem Heizer die Kontrolle des Wasserausflusses jederzeit in bequemster Weise gestatten. Hierzu eignet sich z. B. die Verwendung eines Teleskoprohres oder eines Trichters vor der Einmündung in eine genügend große und mit genügend weitem Abfluß versehene Sammelgrube.

Die Hochführung der Ausblaserohre oder ihres Sammelrohres nach dem Ausdehnungsgefäß ist nicht zweckmäßig, weil die Ausmündung dadurch der dauernden Beaufsichtigung entzogen würde (vgl. Abb. 5 und unter b 2).

Ein Ausfluß von Wasser darf nur während der kurzen Periode des Umstellens der Wechselventile erfolgen; zeigen sich länger dauernde Wasserverluste, so lassen diese auf Undichtheiten der Absperrvorrichtungen oder der Wechselventile oder auf falsche Stellung eines der letzteren schließen und sind baldigst zu beseitigen.

Zweifelsohne bringt die Anordnung und Ausführung der verlangten Sicherheitsvorrichtungen mancherlei Erschwernisse mit sich; man wird darum manchmal vorziehen, auf die Kessel-Absperrvorrichtungen ganz zu verzichten und da, wo solche vorhanden sind, diese zu beseitigen. Die Vorschriften des Erlasses unter I. 2. beziehen sich also nur auf solche Anlagen, für welche die Absperrbarkeit der Kessel aus besonderen Gründen nicht entbehrt werden kann. Ein derartiger Fall tritt z. B. ein, wenn verlangt wird, daß jeder Kessel einer Gruppe ohne Betriebsunterbrechung entleerbar sein soll. Das ist, wenn dem Erlaß genügt werden soll, nur durch Einschaltung von Absperrvorrichtungen im Vor- und Rücklauf mit den zugehörigen Sicherheitsvorrichtungen möglich. Es ist deshalb stets zu prüfen, ob die Kosten dieser Einrichtung, die dann allerdings auch die Möglichkeit bietet, jeden Kessel ohne Betriebsunterbrechung zeitweise aus dem Wasserumlauf auszuschalten, im richtigen Verhältnis zu den erreichten Vorteilen stehen.

Zum Ausschalten eines im Vor- und Rücklauf absperrbaren Kessels sind folgende Handgriffe erforderlich:

1. Entfernung des Feuers vom Rost.

2. Schließen der im Vorlauf und Rücklauf vorhandenen Absperrvorrichtungen.

3. Umstellen der zugehörigen Wechselventile, wodurch gleichzeitig die Ausblaserohre geöffnet werden. Diese Umstellung erfolgt durch Herunterschrauben der Wechselventilspindel und hat zur Vermeidung von Wasserverlusten tunlichst rasch zu geschehen.

Die Wiedereinschaltung eines abgesperrten Kessels erfolgt durch:

1. Umstellen der Wechselventile in entgegengesetzter Richtung, wodurch die Ausblaserohre geschlossen und die Umgehungsleitungen geöffnet werden.
2. Öffnen der Absperrvorrichtungen im Vor- und Rücklauf.
3. Wenn erforderlich, Ergänzung des Wasserinhaltes.

Die Reihenfolge der Handgriffe beim Ein- und Ausschalten der Kessel ist genau zu beachten.

Die Stellung der Absperrvorrichtungen und Wechselventile muß äußerlich stets deutlich erkennbar sein.

b) Absperrung nur im Vorlauf.

1. Anwendung von Sicherheitsleitungen. Diese ist zulässig, wenn jeder derartige Kessel eine besondere, zwischen Kessel und Absperrvorrichtung abzweigende und bis über den höchsten Wasserstand des Ausdehnungsgefäßes hochgeführte Sicherheitsleitung erhält. Die Kessel können damit aus dem Wasserumlauf ausgeschaltet, aber nicht ohne Betriebsunterbrechung entleert werden (vgl. Abb. 6).

2. Anwendung von Wechselventilen. Wohl verhindern derartige Vorrichtungen das Auftreten gefahrbringender Drucksteigerungen. Bei ihrer Anwendung ist aber folgendes zu bemerken. Sie erfordern zunächst, um ein unbeabsichtigtes Entleeren der Anlage zu vermeiden, die Hochführung der Ausblaserohre bis zum Ausdehnungsgefäß (vgl. Abb. 5), wodurch die Rohrmündungen der Beaufsichtigung entzogen werden. Sie ermöglichen weiterhin nur die Ausschaltung der Kessel vom Wasserumlauf, aber nicht eine Entleerung derselben ohne Betriebsunterbrechung. Aus diesen Gründen erscheint es zweckmäßig, von der Anwendung der Wechselventile nur im Vorlauf abzusehen. Wo Absperrungen nur im Vorlauf bestehen, wären sie zu entfernen.

c) Absperrung nur im Rücklauf.

Hierfür gilt sinngemäß das unter b) 2. Gesagte.

d) Sonstige Absperrungen.

Alle sonstigen, im Rohrnetz vorhandenen Absperrvorrichtungen, durch welche die Kessel nicht von der Sicherheitsleitung getrennt werden können, unterliegen nicht den Sicherheitsvorschriften des Ministerialerlasses.

C. Mittelbar geheizte Warmwasserkessel.

Erfolgt die Erwärmung eines Kessels nicht unmittelbar durch Feuer, sondern z. B. durch Dampf, oder durch heißes Wasser, so unterliegen auch diese Anlagen den Bestimmungen des Erlasses, weil auch bei ihnen unzulässige Drucksteigerungen infolge zu geringer Durchmesser der Sicherheitsleitungen oder falscher Handhabung der Absperrvorrichtungen entstehen können. Bei solchen mittelbar geheizten Kesseln, wozu auch Röhrenvorwärmer gehören, erhalten die Sicherheitsleitungen sowie die Wechselventile mit Umgehungs- und Ausblaseleitungen jedoch andere Abmessungen als bei unmittelbar gefeuerten Kesseln gleicher Heizoberfläche, wobei angenommen werden kann, daß 4 qm Kesselfeuerfläche gleiche Leistung wie 1 qm Dampf- oder 2 qm Wasserheizfläche besitzen.

D. Schutz gegen Einfrieren.

Besondere Aufmerksamkeit erfordert die frostsichere Aufstellung des Ausdehnungsgefäßes und die frostsichere Verlegung der an dieses anschließenden Rohrleitungen. Außer sorgfältiger Wärmeschutzumhüllung des Gefäßes und der Rohre empfiehlt sich, wenn der Aufstellungsraum des Gefäßes nicht unbedingte Sicherheit gegen Frostgefahr bietet, die Anbringung einer Umlaufleitung mit der Heizanlage, durch welche entweder der Aufstellungsraum des Ausdehnungsgefäßes oder aber nur der Wasserinhalt des letzteren dauernd frostfrei gehalten wird. Im ungeheizten Dachraum liegende, wasserführende Rohrleitungen bedürfen stets einer Ummantelung durch Holzkasten mit ausgefütterten Zwischenräumen. Der übliche Wärmeschutz mittels Kieselgur, Kork, Filz und dgl. genügt nicht zur Vermeidung des Einfrierens.

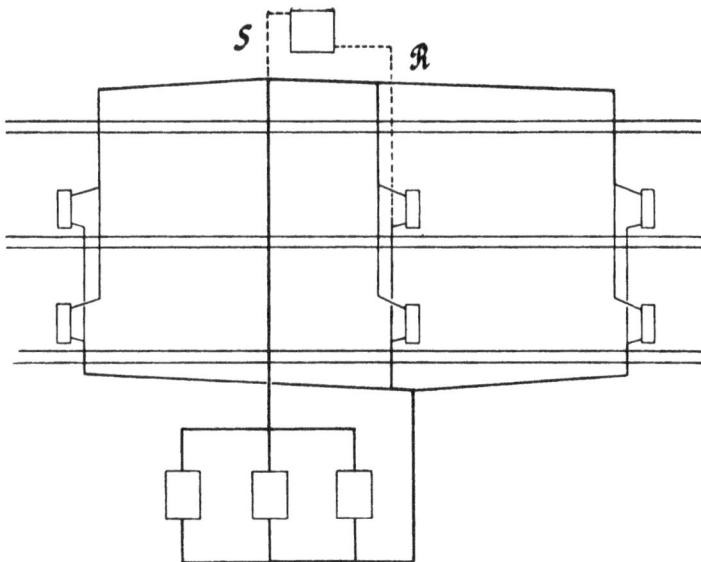

Fig. 1. Unabsperrbare Kessel, obere Verteilung mit Sicherheitsleitung S im Gefäß oben einmündend und Rückflußrohr R, als Heizkörperrücklauf benutzt.

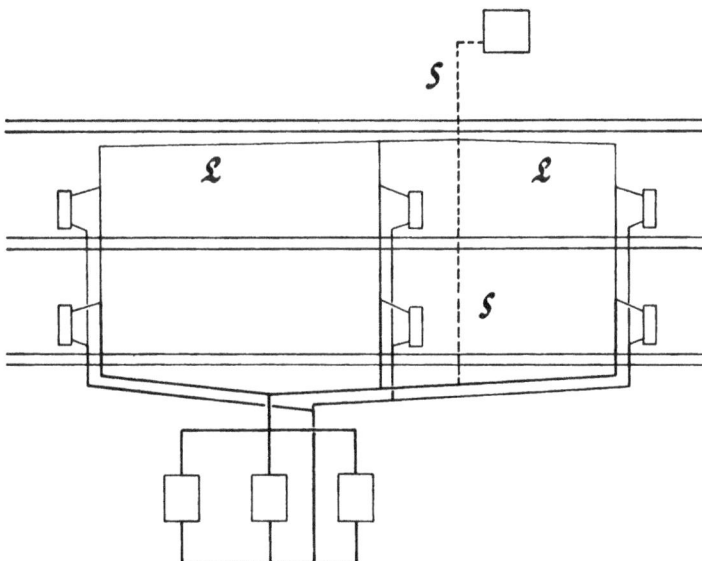

Fig 2. Unabsperrbare Kessel, untere Verteilung mit Sicherheitsleitung S an das Gefäß unten angeschlossen und Luftleitungen L, in die Sicherheitsleitung einmündend.

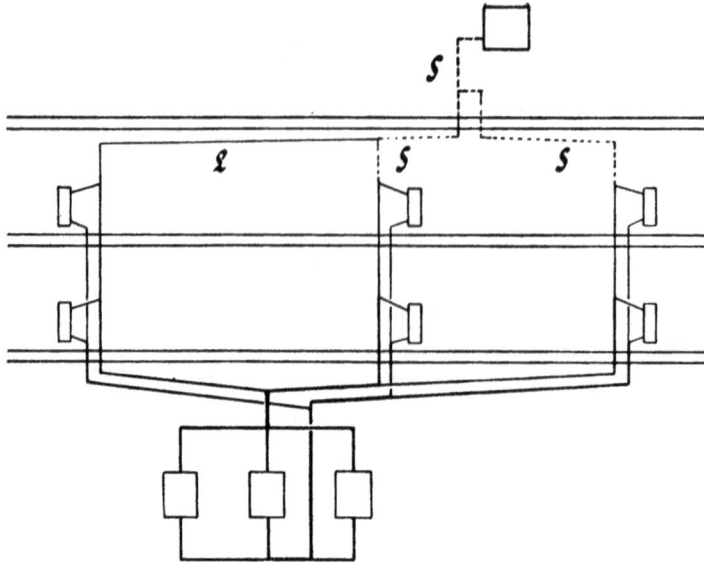

Fig 3. Unabsperrbare Kessel, untere Verteilung, mit mehreren im Dachgeschoß vereinigten Sicherheitsleitungen S und Luftleitung L in die Sicherheitsleitung einmündend.

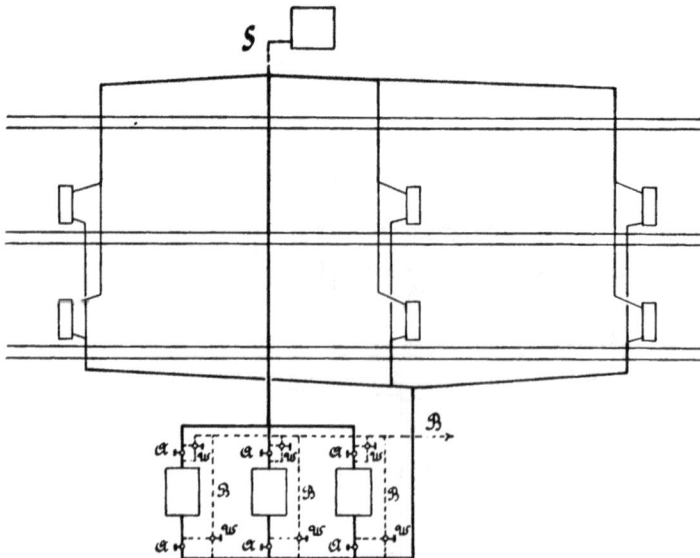

Fig. 4. In Vor- und Rücklauf absperrbare Kessel, mit Wechselventilen, Umgehungsleitungen und gemeinsamem Ausblaserohr. Obere Verteilung, Sicherheitsleitung S im Gefäß unten einmündend. A = Absperrvorrichtungen. W = Wechselventile. B = Ausblaserohre.

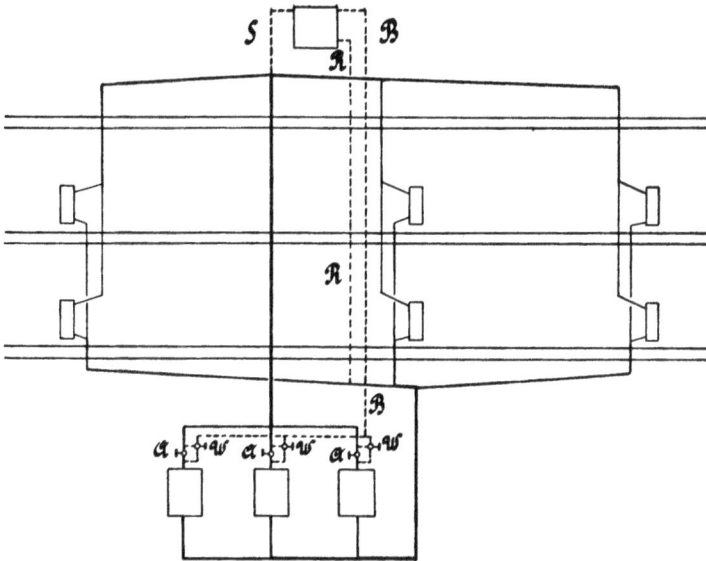

Fig. 5. Nur im Vorlauf absperrbare Kessel, mit oberer Verteilung Sicherheitsleitung S im Gefäß oben einmündend, Wechselventil W mit Umgehung, gemein
samem Ausblaserohr B zum Ausdehnungsgefäß und Rückflußrohr R.

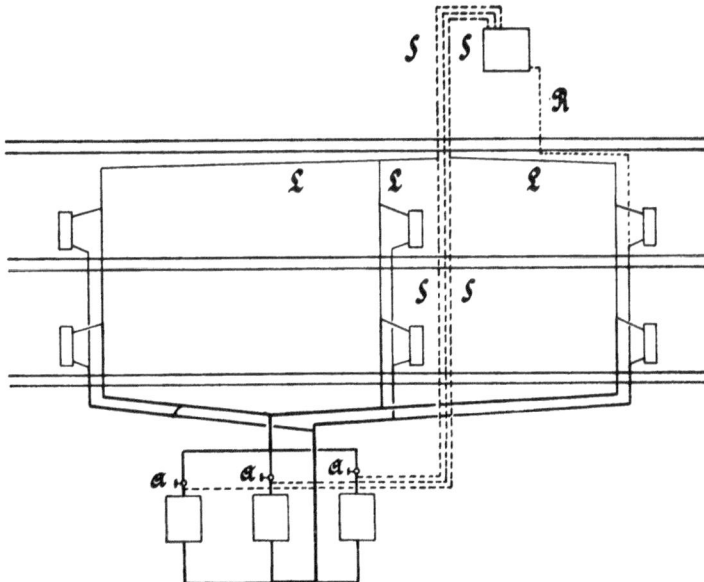

Fig. 6. Nur im Vorlauf absperrbare Kessel, mit unterer Verteilung, getrennten
unmittelbar zum Ausdehnungsgefäß geführten Sicherheitsleitungen S oben einmündend. Rückflußrohr R als Heizkörperrücklauf benutzt, Luftleitung L an das
Gefäß angeschlossen.